U0181297

京权图字：01-2022-1475

Mina första fåglar

Copyright © Emma Jansson and Triumf förlag, 2019

Simplified Chinese edition published in agreement with Koja Agency and Rightol Media

Simplified Chinese edition © Foreign Language Teaching and Research Publishing Co., Ltd, 2022

项目合作：锐拓传媒旗下小锐 copyright@rightol.com

图书在版编目 (CIP) 数据

孩子背包里的大自然. 发现鸟儿 ／（瑞典）艾玛·扬松（Emma Jansson）著、绘 ；徐昕译. —— 北京 ：外语教学与研究出版社，2022.6
ISBN 978-7-5213-3546-0

Ⅰ. ①孩… Ⅱ. ①艾… ②徐… Ⅲ. ①自然科学－少儿读物②鸟纲－少儿读物 Ⅳ. ①N49②Q959.7-49

中国版本图书馆 CIP 数据核字 (2022) 第 065895 号

出 版 人　王　芳
项目策划　许海峰
责任编辑　于国辉
责任校对　汪珂欣
装帧设计　王　春
出版发行　外语教学与研究出版社
社　　址　北京市西三环北路 19 号（100089）
网　　址　http://www.fltrp.com
印　　刷　北京捷迅佳彩印刷有限公司
开　　本　889×1194　1/12
印　　张　2.5
版　　次　2022 年 7 月第 1 版 2022 年 7 月第 1 次印刷
书　　号　ISBN 978-7-5213-3546-0
定　　价　45.00 元

购书咨询：（010）88819926　电子邮箱：club@fltrp.com
外研书店：https://waiyants.tmall.com
凡印刷、装订质量问题，请联系我社印制部
联系电话：（010）61207896　电子邮箱：zhijian@fltrp.com
凡侵权、盗版书籍线索，请联系我社法律事务部
举报电话：（010）88817519　电子邮箱：banquan@fltrp.com
物料号：335460001

记载人类文明
沟通世界文化
www.fltrp.com

孩子背包里的
大自然

发现鸟儿

〔瑞典〕艾玛·扬松 著/绘

徐昕 译

外语教学与研究出版社
北京

普通䴓

普通䴓（shī），俗名蓝大胆，上体蓝灰色，腹部下侧为铁锈红色，尾巴下面带有白色的斑点。它们长有黑色的贯眼纹，即眼睛前后有黑色的长条纹。喙为黑色，虹膜为深褐色。它们的身体很灵活，能头朝下沿着树干往下爬，要知道，拥有这项技能的鸟类并不多。

红腹灰雀

红腹灰雀是一种惹人喜爱的小鸟。在冬季，雄鸟红色的腹部在白雪的映衬下，格外漂亮。不过，雌鸟的腹部是浅灰色的。这种鸟长着黑色的短喙，"聊天"时声音很低，有一种悲伤的感觉。冬季，无论是人们遗落的葵花籽，还是被冻住的花楸果实，都是红腹灰雀喜爱的食物。

蓝山雀

　　蓝山雀又名蓝冠山雀、青山雀，是一种体长不足12厘米的美丽小鸟。它们的头顶是蓝色的，像戴着贝雷帽，胸部和腹部是黄色的，很容易辨认。它们能发出多种叫声，其中有一种声音像口哨声。它们精力充沛，动作敏捷，而且胆子大，不怕人，经常倒挂在最外侧的树枝上觅食。

大山雀

　　大山雀比蓝山雀大一些，下身为白色或浅黄色，胸部和腹部有一条宽阔的中央纵纹，背部呈黄绿色。它们的头是黑色的，脸颊是白色的。大山雀是一种比较活泼的鸟，经常在树枝间穿梭跳跃，会像啄木鸟一样轻轻叩击树干。大山雀能发出多种不同的声音，叫声清脆响亮。主要以昆虫为食，也吃植物的种子。

苍头燕雀

苍头燕雀的雄鸟长得很漂亮，胸部呈铁锈红色，翅膀上有很明显的白斑，头上像戴着灰色的帽子。雌鸟的胸部颜色较浅。苍头燕雀高声歌唱时，会越唱调儿越高，然后以一个清晰的转音作为结尾。它们喜欢成群结队地在地面或树上觅食，主要吃植物的种子、昆虫等。

戴菊

　　戴菊是一种体长约9厘米的小鸟，喜欢待在针叶林里，经常在树枝间穿行跳跃，也会有规律性地悬停。它们十分活泼，精力旺盛，叫声很尖细。它们上身有着黄绿色的羽毛，头顶有很显眼的黄色带状纹，眼睛看起来就像小小的胡椒籽。秋冬时节，一部分戴菊会迁徙到较暖和的地方生活。

 # 丘鹬

　　丘鹬（yù）通常生活在潮湿的森林中，尤其喜爱在林间的小湖边和沼泽边活动。它们的喙又长又直，身上有红褐色的斑。丘鹬喜欢昼伏夜出，观察它们的最佳时机是黄昏和清晨。求偶时，雄鸟在林间空地上方振翅飞翔，并发出婉转多变的鸣叫声吸引雌鸟。冬天，大部分丘鹬会迁徙到南方去。

松鸦

秋天，我们可以看到松鸦在森林里轻盈地飞行，它们是在收集坚果，储藏起来过冬用。松鸦的体长约 35 厘米，身体通常呈匀净的紫灰色至红灰色，长有黑色的颊纹，看起来像长着胡须一样。它们的翅膀上有黑、白、蓝三色相间的横斑，特别显眼。松鸦通常在大树上高声鸣叫，有时会发出喵喵的叫声，还会模仿秃鹫或者苍鹰的叫声。

大斑啄木鸟

　　大斑啄木鸟是一种常见的啄木鸟，身上的羽毛颜色主要为黑白两色，尾部为红色，像穿了条红裤衩。成年雄鸟的枕部有一块红色的斑纹。在森林里，很远就能听到它们的声音，它们不是在树干上"打鼓"——把虫子从树皮缝隙里啄出来，就是用"叽叽叽"的叫声吸引其他啄木鸟。

乌鸫

在森林或城市公园里，我们经常可以见到乌鸫。在瑞典，乌鸫非常受欢迎，被选为了国鸟。乌鸫雄鸟全身是黑色的，有黄色的喙，眼周有一圈黄色；雌鸟身上的羽毛是褐色的。乌鸫善于模仿其他鸟叫，歌声响亮动听。它们的主要食物是昆虫，在秋天，它们也喜欢吃掉落在地上的果实和种子。

白鹡鸰

　　白鹡鸰（jílíng）的叫声清脆响亮，尾巴长长的，总爱不停地上下摆动。它们的头顶是黑色的，头部其他地方是白色的，整个身体呈黑、白、灰三色。白鹡鸰的前胸处有个黑色的斑块，像戴了个围嘴儿似的。它们可以在空中捕食昆虫。当人们在田里犁地或耙草的时候，它们也会去田里寻找美食。

凤头麦鸡

　　凤头麦鸡的头上长着长长的黑色羽冠，体长约30厘米，背部呈暗绿色，具有金属光泽，腹部是白色的。凤头麦鸡最喜欢在田间活动，喜欢吃田里的蚯蚓。凤头麦鸡飞行的高度不太高，你可以听到它们扇动翅膀的声音。它们叽叽喳喳的叫声听起来有些忧伤，在春天，人们经常能听到这种叫声。

灰鹤

灰鹤是一种大型鸟，体长可达一米多，有着长长的腿、长长的颈和长长的喙。它们的颈部呈黑白两色，头顶是红色的。灰鹤的飞羽又长又浓密，收缩在尾部时，有点像装饰物。灰鹤的叫声很嘹亮，给人一种响彻云霄的感觉。在春天，雌雄灰鹤经常一起翩翩起舞。灰鹤主要吃植物，也吃昆虫和蛙类等小动物。

苍鹭

苍鹭比灰鹤小一些，体长不到一米，有着灰色的羽毛。它们个个都是捕鱼能手，经常站在溪流里或湖岸边逮鱼吃。它们有黄色的喙和黄色的腿，头上有一簇黑色羽冠。黄昏时分，它们归巢时，会发出沙哑的叫声。天冷的时候，苍鹭不会向南方迁徙太远，只要有没冻住的水域，它们就会留下来。

大天鹅

大天鹅的羽毛洁白如雪，脖子很长。它们的喙很有特点，基部为黄色，前端为黑色。大天鹅是一种候鸟，叫声很响亮，像喇叭声。它们通常栖息在湿地和田野里，有时也会去森林中的小池塘里。深秋时节，大天鹅会往南方迁徙。它们迁徙的时候，喜欢排成"一"字形、"人"字形或"V"字形。

绿头鸭

绿头鸭主要吃浅水处的植物，也吃甲壳类、水生昆虫等动物，常在水中采用倒立方式觅食。雄性绿头鸭和雌性绿头鸭的外观差别很大。雌鸟长着棕色的斑点；雄鸟有着亮闪闪的绿色脑袋，颈部有一圈羽毛是白色的，像戴了个白环。绿头鸭的叫声听起来很暴躁，有着标志性的"笑声"。它们经常出没于公园的池塘里、湖泊里。

凤头䴙䴘

凤头䴙䴘（pìtī）俗称浪里白，喙长而尖，头上长有很明显的黑色羽冠，颈部前侧为白色，后侧为暗褐色。凤头䴙䴘生活在水里，能悄无声息地潜入水中觅食。它们的巢漂浮在岸边，是用芦苇和其他植物的枝叶做成的。年幼的凤头䴙䴘通常会被父母驮在背上。初秋时节，它们会飞到南方去，来年春天再回到北方。

蛎鹬

蛎鹬（lìyù）长着红色的长喙，特别适合用来撬开蚌壳。它们的羽毛以黑、白两色为主，腿是粉红色的，深红色的眼睛周围有一圈橘红色的眼眶。它们在岸上相遇时，喜欢高声"交谈"。蛎鹬是夏季海岸边一种常见的鸟类。到了秋冬时节，它们会迁徙到温暖的南方去生活。

海鸥

海鸥的体长大约 40 厘米，有着黄色的喙、白色的脑袋和白色的腹部。它们的背部是灰色的，翅膀尖是黑色的。在不同的季节或年龄段，它们的腿呈不同的颜色。在鱼虾丰盛的海边，人们通常能见到成群的海鸥，它们或在水中游泳，或在低空飞翔。海鸥通常在海岸边、河岸边的石滩上筑巢，它们的巢呈浅盘状，很简陋。

索引

我藏在了书中，你能发现我吗？